AF254069

EXCURSION A SAÏDA

(ANCIENNE SIDON)

ANTIBES. — IMPRIMERIE DE J. MARCHAND.

Société des Sciences naturelles et historiques, des Lettres et des Beaux-Arts
de Cannes et de l'arrondissement de Grasse

SÉANCE DU 26 MARS 1873

EXCURSION
A SAÏDA

(ANCIENNE SIDON)

FRAGMENT D'UN VOYAGE EN ORIENT

PAR

E. MASSENOT

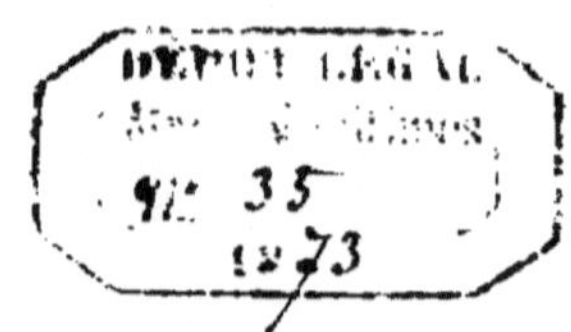

ANTIBES

J. MARCHAND, IMPRIMEUR-LIBRAIRE

1873

MESSIEURS.

En commençant la lecture du fragment de voyage que j'ai l'honneur de vous soumettre, permettez-moi de réclamer votre indulgence à un double titre, et pour l'insuffisance de mon travail et pour le retard apporté à cette lecture, déjà annoncée. Mes hésitations n'ont tenu qu'à la crainte de tromper votre attente, qu'égale mon désir de la satisfaire. La bienveillance que vous témoignez aux nouveaux venus parmi vous me rassure, et peut-être serai-je assez heureux pour vous intéresser au court récit d'une excursion faite, pendant l'hiver de 1869-1870, à Saïda, cette antique Sidon, qui, avant Tyr, fut la reine industrieuse et commerçante de la Phénicie. A cette date, j'accomplissais, sous la direction de M. le baron Lycklama, un voyage archéologique dont le résultat a été une abondante moisson d'objets antiques les plus variés, qui ne sont pas les moins précieux d'une collection qui témoigne des efforts heureux, des sacrifices et de la science de celui qui l'a formée, et dont je m'honore d'avoir été le dévoué et modeste collaborateur.

Nous nous étions établis à Beyrouth (l'ancienne Béryte phénicienne), aujourd'hui la ville et le port les plus considérables de la côte syrienne, pour, de là, rayonner sur les divers points de la province qui intéressent l'histoire et l'art. Après avoir visité les contrées situées au Nord et à l'Est, une excursion dans le Sud, à Saïda, fut résolue. C'est de ce petit voyage que je vais avoir l'honneur de vous entretenir, en faisant deux parts de mon récit. L'une décrira la route suivie de Beyrouth à Saïda, avec ses menus incidents plutôt que ses aventures, et l'autre sera consacrée à la description et aux souvenirs historiques de Sidon.

Sidon est séparée de Beyrouth par une distance d'environ trente-cinq kilomètres, que l'on fait en dix heures de cheval. L'excursion dont je vais parler eut lieu en compagnie de M. le baron Lycklama et de M. le marquis de Fouclayer, qu'il avait invité. Ce dernier, qui a établi sa résidence en Orient, habitait le collége d'Antoura, dans le Liban, où il vit au milieu des Pères Lazaristes, dont il a pris l'habit, sans avoir prononcé de vœux. Le lundi 4 mars 1870, dès cinq heures du matin, selon les ordres donnés la veille, notre Drogman (c'est le nom des interprètes qui servent de cicérones attitrés) arriva avec les chevaux de bagage et les Moukres ou muletiers dans la cour de la maison que nous habitions. Une demi-heure après, le Kawas du consulat-général de Hollande. mis à notre disposition, étant arrivé aussi, nous montâmes immédiatement à cheval, accompagnés d'une suite de dix personnes. Le Drogman, qui dirigeait la marche, nous fit prendre, pour sortir de Beyrouth, le chemin le plus court, qui passe par la magnifique forêt de pins plantés, nous disent les historiens, pour éviter, de ce côté, l'accroissement des sables, qui menacent la ville d'une façon permanente. Ç'a été un grand service, car tous les habitants sont unanimes à reconnaître que si cette plantation n'avait pas eu lieu, la plus grande partie de Beyrouth serait déjà engloutie sous ce sable que le vent du désert pousse sans cesse vers la mer.

Nous cheminions tranquillement depuis une heure et demie, sans rien voir qui pût attirer notre attention, lorsqu'après avoir traversé au gué une petite rivière, qui fait marcher, en cet endroit, un moulin pittoresquement situé, nous aperçûmes les ruines très apparentes d'une ancienne cité phénicienne, construite en amphithéâtre sur le versant qui regarde la Méditerranée. Sans descendre de cheval, nous remarquâmes, le long du chemin, plusieurs sarcophages en pierre, d'une grande simplicité. Il n'y avait pas lieu de s'arrêter, ces sépultures n'offrant rien de bien intéressant pour nous, totalement dépourvues qu'elles étaient d'inscription et de tout travail de sculpture. Personne alors ne put nous renseigner sur le nom de cette ville antique; des études postérieures m'ont appris que ces ruines sont celles de l'ancienne Léontopolis (ville des Lions).

Il était à peine huit heures, et le soleil se faisait sentir d'une manière fatigante; mais j'étais tout à l'admiration de la luxuriante végétation de ces anciennes côtes de la Phénicie, si pittoresques et que la nature a si bien partagées. Une heure après, nous arrivâmes au premier Khan (lieu de repos, que l'on rencontre sur la route. Un Khan est un caravanséraï, ou sorte d'hôtellerie ouverte, où les voyageurs ainsi que leurs montures trouvent un abri gratuit. Comme j'avais le plus vigoureux cheval, je devançai notre caravane d'un quart-d'heure, afin de faire préparer, pour chacun de nous, une tasse de café, qui fut la bienvenue. Après une courte halte de dix minutes, nous nous remîmes en marche, et bientôt nous nous trouvâmes aux prises avec l'un des phénomènes les plus curieux, mais en même temps les plus désagréables de ces parages.

Une immense nuée de sauterelles, noires et jaunes, envahit tout à coup le firmament, obscurcissant entièrement le soleil et jetant l'effroi parmi les habitants des villages voisins, répandus dans les champs bientôt couverts d'une couche épaisse de ces redoutables locustes. Nos chevaux, en marchant, en faisaient lever un tel nombre, que nous dûmes nous arrêter pendant quelque temps, afin d'attendre que le vent eût emporté plus loin cette masse dévorante. Pour en être délivrés plus tôt, nous quittâmes la campagne cultivée, qui, en un instant, devenait sa proie, et nous nous rapprochâmes de la mer, sur la plage même qu'on suit toujours, pour arriver à Saïda, tout en contemplant, à distance, ce désolant et étrange spectacle. C'est ainsi que nous arrivâmes au village de Namours, d'où sort la grande famille des Schéabs ou Princes du Liban. L'armée des sauterelles l'avait aussi envahi, et les habitants étaient occupés à les chasser, en faisant un grand vacarme sur de vieux chaudrons et autres ustensiles en métal, tandis que les enfants, avec de longs roseaux, battaient les jeunes blés, pour en soustraire l'herbe naissante à la voracité de ces impitoyables rongeurs. On voyait la désolation peinte sur tous les visages comme en présence du plus redoutable des fléaux.

Nous parvînmes enfin dans le voisinage du Nhar-el-Damour, qui est le Tamyras des anciens, nom qui ne réveille aucun souvenir. Il nous sembla d'abord plus expéditif de le passer au gué, pour éviter un long détour et aller gagner un pont tout nouvellement reconstruit. Mais une fois sur le bord de cette rivière torrentueuse, qui a là son embouchure dans la mer, M. de Fonclayer nous fit observer qu'il serait imprudent d'en risquer le passage au gué, car des pluies récentes l'avaient démesurément grossie, et il nous raconta, à ce sujet, que l'année précédente, un malheureux élève du collége d'Antoura, qui se rendait en vacances chez ses parents à Saïda, avait trouvé la mort dans ce torrent; son corps fut emporté bien avant dans la mer. Notre Drogman, voulant faire preuve de hardiesse, s'obstina à tenter l'aventure avec son domestique, et ce ne fut pas sans peine qu'ils atteignirent l'autre bord et à un moment sans danger. Quant à nous, nous nous mîmes à remonter la rivière, en traversant les champs de mûriers qui en bordent le cours. Il n'était point aisé de circuler à cheval au milieu de ces arbres, dont les branches sont très basses; il fallut absolument mettre pied à terre. La marche n'en était pas plus facile, la pluie ayant considérablement détrempé le terrain. Enfin, après vingt minutes employées à faire un demi-quart de lieue, nous atteignîmes le pont de bois ferré construit sur les ruines de celui primitivement bâti par l'émir Béchir. De l'autre côté du Nhar-el-Damour, et à une très petite distance, on trouve le Khan-er-Rapha, qui est le caravanséraï où nous nous proposions de déjeuner. Il était midi, et cette course de cinq heures, en plein soleil, corrigé, il est vrai, par l'air vif des côtes, nous avait singulièrement ouvert l'appétit.

Il fut cependant nécessaire d'attendre une demi-heure la venue des mulets qui portaient les provisions, et qui étaient restés en arrière, n'ayant pu se dépétrer, aussi vite que nos chevaux, de l'avalanche de sauterelles dont j'ai parlé. Nous calmâmes notre faim en fumant un cigare; nous en entamions un second, quand les provisions arrivèrent. En un instant la table fut mise: une nappe, étendue par terre, en fit les frais, recouverte de quelques plats de métal contenant les viandes froides qui constituaient notre déjeuner. Ce fut dans un profond et significatif silence que se passa le premier quart d'heure de cette agape orientale, arrosée de vin du Liban, et autour de laquelle nous figurions gravement, assis sur nos talons. La parole et la gaîté ne nous revinrent qu'après ce premier coup de fourchette, si consciencieusement employé.

J'étais placé près de la porte d'entrée du Khan, d'où j'entendais pétiller un feu doux, pendant que le vent amenait jusqu'à moi une fumée qui trahissait le voisinage d'une cuisine. On n'est pas voyageur sans être curieux. Je me levai avant la fin du repas, pour aller voir, et ma curiosité me valut la connaissance, que je n'eusse point eue sans cela, du procédé de fabrication du pain dont se nourrit le peuple arabe de ces côtes. Dans un coin obscur j'aperçus une femme, d'un certain âge, assise à terre devant un petit feu de bois recouvert d'une plaque convexe, semblable à un grand timbre d'horloge. Elle coupait, dans une pâte crue, pétrie à l'avance, un morceau qu'elle étendait avec ses doigts dans le creux de l'autre main, avec une grande dextérité. Elle appliquait, ensuite, cette sorte de galette, excessivement amincie, sur la demi-sphère fortement chauffée, où elle cuisait seulement deux minutes, c'est-à-dire le temps d'étendre la pâte pour une galette suivante, et ainsi de suite. Je priai notre Drogman, qui était Arabe et parlait un peu le français, d'interpréter pour moi quelques questions à cette femme, que j'appris être l'hôtesse du Khan. Elle me satisfit, et j'appris que ces feuilles de pâte, étendues et à moitié cuites, étaient ce qu'on appelle le véritable pain arabe, qu'il faut distinguer de celui des villes, bien plus épais, tel que nous en mangions à Beyrouth. Le déjeuner fini, et pendant que nous prenions le café, les gens de notre suite, qui étaient tous armés de fusils, se mirent à tirer des coqs de montagne, que l'on trouve en grande quantité dans ces parages; en moins de vingt minutes, ils en avaient abattu une trentaine.

Il était deux heures lorsque nous remontâmes à cheval. A un quart d'heure de là, on rencontre une suite de rochers des plus pittoresques, qui prennent des formes souvent très bizarres et font suivre au chemin les sinuosités les plus imprévues. Mon cheval, de sa nature très ardent, ne s'était pas ménagé l'orge pendant notre temps d'arrêt. Les jambes lui démangeaient; fatigué de le maintenir, je le laissai courir à sa fantaisie. Le Kawas musulman du consulat-général de Hollande à Beyrouth, qui m'accompagnait, vint se joindre à moi, pour me faire remarquer, disait-il, un point très intéressant de la route. En effet, après un court temps de galop, il me conduisit à une petite mosquée placée auprès d'un hameau insignifiant. Cette mosquée, entourée d'arbres, à en juger par son extérieur, n'offre rien de remarquable. Seulement, à côté, on voit quelques ruines enfouies dans le sable, et que je crois être celles d'une ancienne chapelle; j'y distinguai le dessin de trois petites absides et un restant de pavé en mosaïque. Une tradition veut que cette chapelle ait été bâtie dans l'endroit même où Jonas fut rejeté sur le sable de la mer. Cela explique peut-être la particulière vénération des catholiques maronites pour cette église, pendant que la mosquée voisine est en grande estime auprès des musulmans, qui, se conformant au Koran, honorent le prophète prisonnier dans le ventre du monstre marin. Était-ce bien une baleine? La bible ne le dit point; ce sont les commentateurs qui ont ajouté le nom du monstre. Pendant que je méditais sur ce problème historique, je fus rejoint par MM. Lycklama et de Fonclayer, et nous cheminâmes une heure sans rien voir qui mérite d'être noté.

Nous approchions de Saïda. Au détour d'un monticule, nous aperçûmes dans le lointain un groupe de trois cavaliers qui se dirigeait de notre côté. En avançant, on y distinguait un Européen accompagné de deux indigènes, dont les armes brillaient au soleil. Nous ne tardâmes pas à reconnaître M. Santy, vice-consul de Hollande à Saïda, qui venait à notre rencontre, suivi de ses deux Kawas. Le consul et le baron Lycklama échangèrent leurs félicitations; M. Santy adressa ensuite au marquis de Fonclayer quelques paroles aimables, en même temps qu'il me souhaitait la bienvenue, et, tout en conversant, nous nous remîmes en route, ayant encore près de deux lieues à faire; c'est dire combien avait été grande la courtoisie du consul hollandais pour un de ses nationaux. Quoique originaire de l'île de Chypre, M. Santy, homme des plus aimables et des plus estimés, est depuis longtemps au service de la Hollande. Nous cheminâmes sans incident, laissant à notre gauche le village de Nabi-Youne, et un peu plus loin celui de Roumelly. Ici la route, généralement mauvaise, devient meilleure et porte la trace des réparations qu'exécutèrent les troupes françaises, dans tout ce parcours de Saïda à Beyrouth, lors de l'expédition à laquelle donna lieu l'affreux massacre des chrétiens de Syrie, en 1860. Deux ans après, les marins anglais y ont ajouté de nouveaux travaux pour la rendre carrossable, plutôt pour les voitures de transport que pour les voitures de luxe, presque inconnues dans le pays. Mais huit années de négligence turque expliquent suffisamment qu'aujourd'hui la route de Beyrouth à Saïda, au lieu d'être carrossable, n'est que tout juste praticable pour les chevaux et les piétons.

Tout en devisant, nous nous approchions de Saïda, que nous apercevions depuis quelque temps, marchant entre deux énormes haies de lauriers roses mêlés de grenadiers, qui croissent à l'état sauvage, principalement sur les bords du Nahr-el-Aoueli, que nous traversâmes sans peine. Cette rivière, très forte l'hiver, est l'ancien Bostrenus, près duquel le poëte Denys-le-Périégètes place l'ancienne Sidon. Une nouvelle et non moins aimable surprise nous attendait de l'autre côté. Nous suivions la même route, constamment bordée de ces magnifiques buissons, lorsqu'à un tournant, nous nous trouvâmes en présence de M. Durighello, le vice-consul de France à Saïda, que M. Lycklama avait connu et fort apprécié dans un précédent voyage. Il venait au devant de nous, accompagné de son fils aîné et de deux Kawas. Je pris, en ma qualité de Français, ma part de sa politesse, et au bout d'un quart-d'heure de conversation, j'avais pu juger de l'exquise bonté de cet homme excellent, qu'on ne peut connaître sans l'aimer. Mais là ne devaient pas se borner les honneurs qui nous attendaient et que seul je ne méritais point. Le Caïmacam, qui exerce à Saïda les fonctions de pacha, prévenu de notre arrivée, sans doute par l'un des consuls, avait bien voulu envoyer à notre rencontre, en dehors de la porte même de la ville, une compagnie de soixante hommes, qui nous reçurent rangés sur deux colonnes et nous escortèrent jusqu'à l'hôtel du consulat de Hollande, où M. Lycklama avait accepté de M. Santy, pour lui et ses deux compagnons, une hospitalité offerte avec la plus gracieuse insistance. Pour y arriver, on suit un dédale de rues tortueuses et étroites et l'on traverse des bazars voûtés, mais dont la hauteur a été mal calculée pour les hommes à cheval. Le marquis de Fonclayer, qui est de grande taille, eut la malchance de se heurter le front à une clef de voûte, ce qui le força de mettre pied à terre, heureusement sans blessure grave. Il était cinq heures lorsque nous gravissions les degrés du perron du consulat de Hollande. Mme Santy et d'autres membres de la famille du consul nous reçurent avec force compliments, suivant les us et coutumes d'Orient; et après avoir pris quelques rafraîchissements, on nous conduisit dans nos chambres respectives.

Le modeste hôtel du représentant de S. M. le roi des Pays-Bas est tout à fait bâti à la façon orientale et n'avait, jusque-là, que des ouvertures garnies de simples grillages en bois. Mais, connaissant le fâcheux état de santé de M. Lycklama, son consul avait eu la galanterie de faire entièrement vitrer les fenêtres de sa demeure. En voyant la presque totalité des maisons sans vitres, je ne me serais jamais cru dans la ville qui passe pour avoir inventé le verre. L'heure du dîner venue, nous passâmes dans la salle à manger, simple, mais spacieuse, où était dressée une table de douze couverts. A peine commencions-nous à savourer la cuisine arabe, qu'un officier du Caïmacam vint nous complimenter de sa part sur notre venue. Le gouverneur nous faisait, en même temps, annoncer sa visite pour le lendemain ; très grande marque de courtoisie, nous dit le consul, dont naturellement je ne pris que la part qui me revenait, c'est-à-dire la plus modeste. Ce premier repas fut assez silencieux, notre fatigue étant grande après une journée entière passée à cheval. On se mit au lit de bonne heure, et je m'endormis heureux de pouvoir, dès le lendemain, commencer l'exploration qui nous avait amenés dans la plus antique des villes de la Phénicie. Mais la matinée de ce jour fut employée à recevoir des visites et, entre autres, celle du Caïmacam, qui se montra très courtois et très gai, et l'après-midi, naturellement consacrée à les rendre, de telle sorte que ce ne fut que le surlendemain de notre arrivée que nous pûmes commencer nos excursions, dont je vais avoir l'honneur de vous rendre compte.

Mais auparavant, Messieurs, permettez-moi, non assurément de vous faire connaître, mais simplement de vous rappeler, toutefois en très peu de mots, ce qu'a été, dans l'antiquité et dans des temps plus modernes, quoiqu'encore fort anciens, la ville où je vous ai conduits.

La Phénicie, que les auteurs profanes ont tort de confondre avec le pays des Philistins, en est séparée au midi par le mont Carmel; le mont Liban la borne au nord, la Méditerranée, au couchant, et une chaîne de montagnes, rapprochée, la sépare, à l'est, du reste de la Syrie. Les Phéniciens étaient Chananéens, et l'histoire nous apprend que ce fut Sidon, fils aîné de Chanaan lui-même, qui fonda, sur la Méditerranée, la ville à laquelle il donna son nom, et qui fut longtemps la métropole de cette contrée. Au temps de Moïse, Agenor, l'un des princes de la Thèbes égyptienne, obligé de s'expatrier, vint se réfugier à Sidon, qui, dès lors, avait un roi, dont Agenor épousa la fille, du nom de Tyro. Parvenu lui-même à la royauté, il fonda, sur la mer, à quelques lieues au sud de Sidon, la ville de Tyr, qu'il appela ainsi du nom de sa femme. Agenor eut d'elle quatre fils, dont l'un, Phénix, qui lui succéda, donna son nom à la contrée et au peuple qu'il gouvernait. Je bornerai là la mention de ce que disent les écrivains grecs relativement à l'origine des Phéniciens, que d'autres ont voulu expliquer par des étymologies tirées des langues originales, lesquelles paraissent offrir encore moins de certitude.

Le territoire de la Phénicie, excessivement resserré entre la mer et les montagnes, fit sentir aux habitants la nécessité d'étendre leurs ressources par le commerce et la navigation, que dès le début ils poussèrent fort loin. Cette même nécessité les rendit industrieux : c'est à eux qu'on doit l'invention des arts les plus importants. Les Grecs et les Latins leur font l'honneur de celle de l'écriture alphabétique ; mais, peut-être, Agenor apporta-t-il de l'Egypte cet art, que ses sujets se bornèrent à perfectionner. Il paraît constant, du moins, que ce fut Cadmus, le fils d'Agenor, qui l'introduisit en Grèce, d'où il se répandit dans tout l'Occident. C'est ce que rappelle Lucain, dans sa *Pharsale :*

> *Phenices primi, famæ si creditur, ausi*
> *Mansuram rudibus vocem signare figuris*

Souvenir qui a inspiré à notre poète ridicule Brébeuf ces deux beaux vers, écrits sans doute par mégarde :

> C'est de lui que nous vient cet art ingénieux
> De peindre la parole et de parler aux yeux.

La sûreté de ses ports et la facilité que leur offrait, pour la construction de ses navires, le voisinage des forêts du Liban accrurent rapidement la marine de l'entreprenante Phénicie. Son commerce se développa d'une manière prodigieuse, et elle établit successivement des colonies à Chypre, à Rhodes, en Grèce, en Sicile, en Sardaigne, en Afrique ; ses navigateurs, poussant jusqu'en Espagne, pénétrèrent même dans l'Océan, et Cadix devint leur entrepôt. Sidon avait trouvé l'art de fabriquer le verre ; Tyr, sa fille, dut au hasard cette précieuse teinture de pourpre, produite par un coquillage, si estimée dans l'antiquité et aujourd'hui perdue. Homère ne parle point de Tyr dans le dénombrement qu'il fait des villes célèbres de son temps ; mais il y comprend Sidon. Tyr ne commença à acquérir de l'importance que lorsque les Sidoniens, ayant été subjugués par un roi d'Ascalon, une partie d'entr'eux vint chercher un asile dans la cité qui leur devait sa fondation, et où ils apportèrent leurs arts, le goût du commerce et la science de la navigation. Grâce à eux, la fille égala bientôt la mère, et, devenue enfin sa maîtresse, elle fut la résidence des rois de Phénicie, qui régnèrent sur l'une et l'autre ville.

La série des rois de Tyr et de Sidon, qui commence à Hiram, contemporain de David, se poursuit jusqu'à Azelmic, sur lequel Alexandre prit la ville de Tyr, qu'il ruina pour la rebâtir ensuite. Quant à Sidon, prise une première fois, en l'an 685 avant Jésus-Christ, par le souverain babylonien Nabuchodonosor, possédée ensuite par les rois de Perse, elle secoua leur joug trente ans avant la venue d'Alexandre. Artaxercès-Ochus vint en personne, avec une armée de trois cent mille hommes, pour la réduire, pendant qu'une flotte nombreuse l'attaquait par mer. Les Sidoniens avaient les moyens et le désir de faire une longue défense ; mais, trahis par leur chef, qui livra à l'ennemi leurs ouvrages avancés, ils envoyèrent une députation au roi des Perses, lequel, loin de l'accueillir, fit mettre à mort les envoyés. « Réduits au désespoir, dit un historien, les Sidoniens s'enfermèrent dans leurs maisons, avec leurs femmes et leurs enfants, y mirent le feu et périrent ainsi au nombre de quarante mille personnes. » Lorsque Alexandre se présenta, Sidon s'était en partie relevée de ce désastre volontaire ; néanmoins, elle se sentit impuissante à résister au héros macédonien, et ne put même lui refuser des troupes pour l'aider à faire le siége de Tyr ; mais le souvenir des liens anciens n'était pas perdu, et, dans la prise de la ville, un grand nombre de Tyriens durent la vie aux efforts et aux supplications des Sidoniens, leurs frères.

A partir de cette époque, l'histoire de la Phénicie est celle de la Syrie. Après avoir appartenu aux rois Séleucides, qui, dans la succession d'Alexandre, se formèrent le royaume de ce nom, elle passa au pouvoir des souverains de l'Egypte, pour tomber sous la domination romaine, après les conquêtes de Pompée. Un souvenir précieux, pour nous chrétiens, se rattache à l'histoire de Saïda, aux premiers temps de l'empire romain. Nous lisons, en effet, dans l'Evangile de saint Marc, que Notre-Seigneur, se rendant de Tyr dans la mer de Galilée, passa par Sidon ; et saint Luc nous apprend que saint Paul, conduit comme prisonnier à Rome, relâcha dans son port. Aussi Sidon reçut de bonne heure l'Evangile, et fut bientôt érigée en évêché. Théodore, un de ses évêques, parut, en 325, au fameux concile de Nicée. Conquise par les Arabes musulmans dès les premières années qui suivirent la mort de Mahomet, le nom de cette cité déchue, jadis si célèbre, n'est plus prononcé jusqu'à l'époque des croisades. La semence chrétienne avait disparu. Baudoin Ier, le second des rois français de Jérusalem, s'empara de Sidon sur les mahométans, en 1111. Reprise, en 1187, par Saladin (Salah-Eddyn), premier sultan agoubite d'Egypte, cette ville, serrée de près, en 1227, par les soldats de Henri, duc de Limbourg, redevint propriété chrétienne, par suite d'un traité entre l'empereur Frédéric II et le sultan Melek-Kamel. Vingt-six ans après, notre saint roi Louis IX, délivré de sa prison d'Egypte, comprit Saïda au nombre des villes qu'il fit réparer et fortifier durant les quatre années qu'il passa en Palestine. Il avait quitté Sidon pendant qu'on rebâtissait ses murs, pour se rendre à Tyr, où il avait ordonné de semblables travaux. Les Turkomans, profitant de son absence, assaillirent la faible garnison qui défendait la place, en massacrèrent huit cents hommes et en emmenèrent quatre cents en captivité. Accouru, mais trop tard, Louis se trouva en présence des cadavres des chrétiens, déjà en putréfaction, et que les habitants, par inhumanité ou par faiblesse, refusaient d'ensevelir. Descendant de cheval, le saint roi prit lui-même un de ces morts entre ses bras et le porta jusqu'à sa sépulture. Entraînés par son exemple, les assistants les eurent bientôt tous inhumés. Saccagée, mais non conservée, en 1260, par les Tartares-Mongols, Saïda, c'est ainsi qu'on nomma la ville à partir du moyen-âge, fut confiée, la même année, à la garde des chevaliers du Temple, renommés par leur bravoure, ce qui n'empêcha pas les Musulmans de s'en rendre définitivement maîtres l'an 1289. L'ancienne Phénicie partagea le sort de la Syrie, réduite en province ottomane par le sultan Sélim Ier, au commencement du seizième siècle. Saïda n'est sortie des mains de la Turquie qu'en 1831, date à laquelle elle fut conquise par Ibraïm-Pacha, fils du vice-roi d'Egypte, en même temps que les autres places de la côte syrienne. Mais elle fut reprise, pour le compte de la Porte, à neuf ans de là, après six heures de bombardement du côté de la mer, par une expédition combinée de sept cents Musulmans, de trois cents Anglais et de soixante Autrichiens, et depuis elle est gouvernée par un Caïmacam turc, dignité inférieure à celle de Pacha, le chef-lieu du pachalik, qui était autrefois à Saïda, ayant été transporté à Saint-Jean-d'Acre vers la fin du siècle dernier.

Après ce coup d'œil rétrospectif sur l'existence passée de Saïda, dont je crains bien, Messieurs, d'avoir à m'excuser auprès de vous, je passe au récit de mon séjour dans cette ville, qui dura le restant de la semaine, et qui a eu pour moi un intérêt et un agrément que vous ne trouverez sans doute pas dans ma narration.

J'ai dit que notre journée du mardi avait été entièrement employée à recevoir et à rendre des visites. Nous devions, au dîner, auquel était invité le vice-consul de France, M. Durighello, très versé en archéologie et connaissant, depuis longtemps, le sol de tous les environs, dessus et dessous, nous devions, dis-je, arrêter quelque plan pour le meilleur emploi de notre temps. Notre seule affaire de ce jour était donc le dîner. Si intimes et si personnels que soient ces détails, je prie qu'on veuille bien me les passer. La cuisine, presque entièrement arabe — car M. Santy est un homme de l'Orient — que nous avions goûtée la veille et le matin, nous avait tant soit peu échauffés. Il faut être

fait à cette profusion et à cette quintescence de toute sorte
d'épices,— je voudrais me permettre ce mot,— si savamment
épicées. M. Lyckama, qui en était à son second voyage
de Syrie, ce qui lui permettait de connaître le fort et le
faible de l'alimentation locale, avait eu la bonne idée d'ame-
ner avec lui son cuisinier français, qui, d'Europe, l'avait
suivi à Beyrouth, et la non moins bonne pensée de le mettre
à la disposition de Mme Santy, laquelle avait accepté cette
offre avec tout l'empressement d'une maîtresse de maison
heureuse d'être aidée dans son désir de bien faire. Par suite
de la même prévision, Boyer (on nomme en toutes lettres
des artistes moins utiles) avait eu la précaution d'emballer
quelques ustensiles d'Europe, ainsi qu'un bon choix de provisions. La cuisine de la maison, assez petite, ne lui offrant
pas les facilités voulues, il s'était établi dans la cour, et en
rentrant d'une courte promenade, nous le trouvâmes là,
entouré de plusieurs petits fourneaux en poterie, en train
de remuer ses sauces et commandant, comme un capitaine
sur son pont, tous les domestiques de la maison, empressés
à lui obéir et le regardant faire de leurs plus grands yeux.
Il n'était pas jusqu'aux soldats de garde de l'hôtel du consulat qui avaient quitté leur poste pour voir opérer l'artiste
européen. Le consul les renvoya à la porte, les menaçant de
les faire punir par leur capitaine pour leur indiscrétion. La
faute était minime : je plaidai pour eux, et n'eus pas grande
peine à ramener un converti. Le dîner fut plein d'entrain
et de gaîté ; je n'ai point à en faire l'éloge ; qu'il me suffise
de dire qu'il obtint l'approbation même des convives qui
appréciaient le plus tous les charmes et la poésie de la
cuisine arabe Nous arrêtâmes, au dessert, nos projets

d'excursion pour les jours suivants. Il fut décidé que la journée du lendemain serait entièrement consacrée à une visite de la ville, et le jeudi suivant, à une expédition archéologique, dans un terrain situé à trois kilomètres de Saïda, étudié, l'année précédente, par M. Lycklama, et où il pensait, d'accord avec M. Durighello, qu'on pourrait pratiquer quelques fouilles heureuses. Le vice-consul français voulut bien se charger de nous procurer une vingtaine d'ouvriers, que nous nous proposions d'employer à remuer la terre. Ceux qui ont le goût, qui devient si facilement une passion, pour les antiquités, s'engagent volontiers dans d'interminables discussions sur leur sujet favori. Nous en oubliâmes un instant la présence de Mme Santy. M. de Fouclayer, à qui sa retraite religieuse et volontaire n'a rien fait perdre des traditions de la galanterie française, nous en fit apercevoir, et notre aimable présidente ne tira d'autre vengeance de nos ennuyeuses dissertations, que de prendre la parole à son tour, pour nous faire une charmante et véritablement poétique description de Chypre, sa patrie, mêlée de souvenirs historiques les plus intéressants.

Il est temps de reproduire ici une courte description de la ville qui a succédé à l'ancienne Sidon.

Saïda ou Saïde occupe, le long de la mer, sur le versant d'un promontoire, un espace d'environ 500 mètres de long sur 150 de large. Les maisons sont basses, couronnées d'une terrasse comme la presque totalité des constructions d'Orient. J'ai parlé de ses rues tortueuses et étroites et de ses bazars, tous de petite proportion et qui n'offrent plus aujourd'hui l'animation d'autrefois, la population, que les voyageurs d'il y a deux siècles estimaient à plus de trente mille âmes, se trouvant réduite à moins de sept mille habitants. La ville est entièrement entourée de jardins et de vergers entrecoupés de bois de pins, qui s'étendent jusqu'au bord de la mer. Ce qu'on cherche d'abord, c'est ce port de la Sidon antique, d'où s'élançaient ces flottes commerciales qui portaient au bout du monde connu les produits de l'Orient, pour en rapporter d'autres productions, que les Phéniciens répandaient dans toute l'Asie. Ce port, situé dans la partie septentrionale de la ville, est presque entièrement comblé; l'eau n'y a pas un mètre de profondeur. Ce fut Fakr-Eddin, émir des Druses, qui, vers le milieu du siècle dernier, pour assurer son indépendance, le fit ensabler et remplir de fragments de rochers, afin d'empêcher l'approche des navires turcs, qui transportaient les troupes chargées de le réduire. Près de la porte nord de la ville existe une immense construction carrée, avec une belle fontaine au milieu de la cour; c'est le Khan ou quartier franc, qui, au dix-septième siècle, était le centre du commerce entre la France et la Syrie, alors très florissant. Cette construction renferme aujourd'hui, dans l'une de ses ailes, le consulat de France, un couvent de Franciscains, l'église paroissiale des chrétiens du rite latin, un couvent, une école et un orphelinat appartenant aux sœurs de Saint-Joseph de l'Apparition. Les Jésuites possèdent aussi, dans la ville, un établissement et une école très fréquentée par les catholiques, encore relativement nombreux à Saïda, où l'on compte 200 Latins, 800 Maronites et 1,200 Grecs unis. Du côté de la terre, la ville est entourée par un mur d'enceinte, qui n'est qu'une simple clôture et ne résisterait pas au moindre effort de l'artillerie; du côté de la mer, elle est complétement ouverte. mais se trouve défendue, aux deux extrémités, par deux ouvrages jadis très importants, aujourd'hui complétement négligés, dont la construction remonte aux croisades. L'un, qui s'élève au sud, est un petit fort qui domine la mer, la ville et la campagne; il n'en reste qu'une grosse tour à un étage, à demi-ruinée. A l'autre bout du quai, on voit les restes d'un château, que l'on dit avoir été bâti par saint Louis; il est placé dans la mer même, et se relie à la terre par un pont de neuf arches. Ce serait donc dans ce château que résida le saint roi pendant le séjour assez long qu'il fit à Saïda, avec la reine son épouse, Marguerite de Provence, qui l'avait accompagné en Terre-Sainte, et ce serait là qu'il reçut la nouvelle de la mort de sa mère, cette Blanche de Castille qui gouvernait pour lui le royaume en son absence. Au lieu de vous raconter moi-même ce fait important, permettez-moi d'en emprunter le touchant récit à l'éminent historien des croisades, M. Michaud :

« Le roi resta plusieurs mois à Sidon, occupé de faire fortifier la ville. Cependant la reine Blanche lui écrivait souvent et l'exhortait à revenir en France, craignant toujours de ne plus revoir son fils.

« Ses pressentiments ne se réalisèrent que trop. Louis était encore à Sidon, lorsqu'un message arriva en Palestine, annonçant que la régente n'était plus. Ce fut le légat du pape qui reçut le premier cette triste nouvelle. Il vint chez le roi, accompagné de l'archevêque de Tyr et de Geoffroi de Beaulieu, confesseur de Louis. Comme le prélat annonça quelque chose d'important à dire, et comme il montrait une grande tristesse sur son visage, le monarque le fit passer

dans sa chapelle, qui, selon un vieil auteur, *était son arsenal contre toutes les traverses du monde.* Le légat commença par rappeler au roi que tout ce que l'homme aime sur la terre est périssable. « Remerciez Dieu, ajouta-t-il, de vous avoir
« donné une mère qui a veillé avec tant de soin et d'habileté
« sur votre famille et sur votre royaume... » Le légat s'arrêta un moment, puis il continua, en poussant un profond soupir : « Cette tendre mère, cette vertueuse princesse est
« maintenant dans le ciel. » A ces mots, Louis jeta un grand cri et versa un torrent de larmes ; revenu ensuite à un sentiment plus calme, il se mit à genoux devant l'autel, et s'écria, les mains jointes : « Je vous rends grâces, ô mon
« Dieu ! de m'avoir donné une aussi bonne mère ; c'était un
« présent de votre miséricorde ; vous la reprenez aujourd'hui,
« comme votre bien. Vous savez que je l'aimais par dessus
« toutes les créatures ; mais, puisqu'il faut, avant tout, que
« vos décrets s'accomplissent, Seigneur, que votre nom soit
« béni dans les siècles des siècles. » Louis congédia le légat et l'archevêque de Tyr, et, resté seul avec son confesseur, il récita l'office des morts. Deux jours s'écoulèrent sans qu'il voulût voir personne. Alors il fit appeler Joinville, et lui dit en le voyant : « Ah ! sénéchal, j'ai perdu ma mère. —
« Sire, lui répondit Joinville, je m'en esbahis, vous sçavez
« qu'elle avoit une fois à mourir ; mais je m'esmerveille du
« grand et outrageux deuil que vous en menez, vous qui
« êtes tant sage prince tenu. » Lorsque Joinville eut quitté le roi, madame *Marie de Bonnes Vertus* vint le prier de se rendre auprès de la reine pour la consoler. Le bon sénéchal trouva Marguerite tout en larmes, et ne put s'empêcher de lui en témoigner sa surprise, en lui disant « qu'on debvoit

« mie croire femme à son plorer, car le deuil qu'elle menoit
« estoit pour la femme qu'elle haïssoit plus en ce monde. »
Marguerite répondit que ce n'était point, en effet, pour la
mort de Blanche qu'elle pleurait, « mais pour le grand
« malaise en quoy le roy estoit, et aussi pour leur fille, qui
« estoit restée en la garde des hommes. » Louis IX assistait
chaque jour à un service funèbre célébré à l'intention de sa
mère. Il envoya en Occident une grande quantité de joyaux
et de pierres précieuses, pour être distribués aux principales
églises de France; il exhortait en même temps le clergé à
faire des prières pour lui et pour le repos de l'âme de la
reine Blanche. A mesure que Louis faisait ainsi prier Dieu
pour sa mère, sa douleur cédait à l'espérance de la revoir
dans le ciel, et son âme résignée trouvait ses plus chères
consolations dans ce lien mystérieux qui nous réunit avec
ceux que nous avons perdus, dans ce sentiment religieux
qui se mêle à nos affections pour les épurer, à nos regrets
pour les adoucir [1]. »

Peu de temps après, saint Louis quittait Sidon et s'em-
barquait pour retourner en France.

Le jeudi, dès huit heures du matin, nous étions avec nos
piocheurs dans un champ situé au sud-est de Saïda, et où
M. Lycklama avait, ainsi que je l'ai dit, reconnu, dans un
précédent voyage, des restes d'un monument dont la desti-
nation ne pouvait encore être précisée. Nos hommes se
mirent vigoureusement à l'œuvre, et avant midi nous eûmes

---

[1] *Histoire des croisades*, par Michaud, de l'Académie française, tome III,
page 217. Paris. Furne et Cⁱᵉ, éditeurs (1862).

acquis la certitude que nous nous trouvions en présence d'un temple ou d'une chapelle des premiers temps du christianisme, dont le couronnement ou la voûte s'était écroulée, ne laissant debout que quelques pans de murs. En déblayant l'intérieur, les ouvriers mirent à découvert de très gracieuses fresques représentant des oiseaux, dont la collection de M. Lycklama possède des spécimens détachés par moi. En creusant le sol, il devint évident, à certaines dispositions souterraines, que c'était là une très ancienne nécropole. On reconnaissait déjà quelques traces de tombeaux, lorsqu'un éboulement eut malheureusement lieu, et nous força de renvoyer après le déjeuner la suite de nos travaux de déblaiement. Ils ne purent être repris qu'assez tard pour laisser à nos hommes le temps de faire une sieste de deux heures, qui est chose réglementaire pour ces *travailleurs* (je souligne le mot) de l'Orient. A mesure que la fouille se poursuivait, notre curiosité de connaître ce que recélait ce sol antique recevait une plus ample satisfaction. Enfin, vers le soir, à une profondeur de près de trois mètres, nous avions mis à jour trois magnifiques sarcophages en pierre antérieurs à l'ère chrétienne et même à l'époque romaine ou grecque, que nous fîmes extraire sans difficulté et que nous ramenâmes à Saïda avec un contentement que comprennent tous les cœurs d'antiquaire. Ils se trouvent encore à Beyrouth, en dépôt entre les mains de M. Sayur, consul-général de Hollande, et cela par le fait de notre malheureuse guerre. Voici comment. Le service des Messageries, alors impériales, ayant été interrompu, ces sarcophages ne purent être embarqués en temps voulu, et, dans l'intervalle, la Porte promulgua une loi par laquelle elle interdisait la sortie des antiquités de son territoire. Des démarches sont faites à Constantinople, où rien, comme on le sait, ne se décide vite, et nous ne désespérons pas de posséder bientôt à Cannes ces monuments anciens, très probablement phéniciens, que, sans m'aventurer, je puis annoncer comme étant d'une grande beauté.

La journée avait été laborieuse, quoique agréablement remplie. Comme c'était mon rôle et mon devoir, j'en avais pris la plus grande fatigue, dirigeant les travailleurs, quelquefois même, aux moments délicats, la pioche à la main. Il faut croire que je m'étais trop exposé au soleil, car avant même d'arriver en ville, je fus pris d'un accès de fièvre, tellement violent que je dus renoncer, à mon grand regret, à assister à un dîner chez le vice-consul de France, de la composition la plus attrayante. En effet, j'y aurais vu le Caïmacam dînant, pour la première fois, en compagnie de plusieurs dames chrétiennes de la ville. Je dus me borner à entendre, de la bouche de ces messieurs, qui rentrèrent vers minuit, la narration des divers incidents de ce repas, qui avait été fort beau, et où toutes choses s'étaient galamment passées, surtout de la part du gouverneur, lequel y avait déployé une grande amabilité.

Le lendemain, Chéikir-Bey (c'est le nom du Caïmacam) voulut bien m'honorer de sa visite, pour s'informer des nouvelles de ma santé. Une forte dose de quinine avait eu raison de mon accès fiévreux. Le Caïmacam me trouva debout et prêt à sortir. Il me proposa de faire avec lui une promenade, ce que j'acceptai avec le plus grand plaisir. Il me conduisit dans un jardin appartenant à un de ses amis, et qui passe pour le plus beau de Saïda; il est planté de

7,000 orangers (pas un de moins) de toutes les espèces, chargés de fleurs et de fruits, de bananiers et de grenadiers. Nous suivions un petit ruisseau, qui serpente le long des sentiers touffus, lorsque tout à coup nous entendîmes des cris de femmes et un frou-frou de soie derrière un massif d'arbres. Le Caïmacam me fit signe de me baisser, et j'aperçus alors, par dessous les branches, une quinzaine de femmes qui fuyaient pour regagner un pavillon placé au fond du jardin, surprises par notre visite matinale et fort effrayées (je le dis aux dépens de mon amour-propre) par la vue d'un chrétien. Chéikir-Bey rit beaucoup de l'aventure et s'amusa un instant de mon étonnement. Arrivés à la porte de ce pavillon, qui est une maison complète, nous fûmes reçus par le propriétaire lui-même, lequel nous fit le plus gracieux accueil. En moins de cinq minutes, les domestiques (j'en comptai huit) nous servirent, selon la coutume syrienne, d'abord des limonades, puis des fruits, ensuite des confitures et enfin le café. Je fis de mon mieux honneur à cette collation, quoiqu'assez mal disposé par l'effet de ma quinine. Mais mon plus grand embarras était de prendre part à la conversation, ne sachant nullement l'arabe et seulement quelques mots d'italien, qui étaient les deux langues que parlaient mes interlocuteurs, et eux connaissant à peine quelques mots de français. Chéikir-Bey me remit à l'hôtel du consulat de Hollande, où quelques heures de repos achevèrent ma guérison, et la journée se termina par un dîner, auquel assistait également le Caïmacam, lequel témoigna une telle satisfaction de la cuisine française, que, nous ayant invités à déjeuner pour le lendemain, il demanda à M. Lycklama son cuisinier pour préparer le repas, qui devait avoir lieu sous la rotonde d'une mosquée située sur une éminence, à quelque distance de la ville.

Le samedi, à neuf heures, nous nous acheminâmes vers le lieu du rendez-vous, suivant un chemin des plus pittoresques à travers des champs où, sous la plus belle végétation, on rencontre, de temps en temps, des fragments de statues en pierre ou en marbre, des tronçons de colonnes, des restes de pavés en mosaïque. Il faudrait des mois entiers pour explorer tout cet emplacement de l'ancienne Sidon, qui cache, sous les blés et les arbustes, tant de choses ignorées et tant de belles choses; chaque champ a sa légende et garde enfouis de véritables trésors archéologiques, qu'ont fait disparaître les terres entraînées des montagnes voisines par les pluies de vingt siècles. Tout en philosophant à qui mieux mieux sur ce passé glorieux qui n'est plus même un souvenir, nous arrivâmes à la mosquée, où le déjeuner se trouvait déjà servi. De son perron, on a une magnifique vue sur la mer et la ville actuelle. Je ne dirai rien de ce déjeuner sans fin, mélangé de plats arabes et de ragoûts français, qui, grâce au vin du Liban, aidé par notre bourgogne et notre champagne, arriva à un tel diapason, que le Caïmacam lui-même (je voudrais bien dire qu'il n'avait bu que de l'eau) se mit à chanter, en arabe et en turc, quelques chansons qui devaient être de circonstance, à en juger par sa bonne humeur. Au dessert, Chéikir-Bey nous proposa un toast tout à fait inattendu. Il s'agissait de boire à un saint Joseph musulman, sans plus d'explication, qui était, disait-il, enseveli dans la mosquée à côté de laquelle nous étions assis. Nous nous regardâmes assez étonnés, et, malgré son nom, ce saint nous paraissant d'allure peu orthodoxe, nous

nous contentâmes de faire raison à notre hôte du bout des lèvres.

La Caïmacam nous avait ménagé une surprise plus agréable. Cinq musiciens et deux danseuses parurent pendant que nous prenions le café. Les premiers se mirent d'abord à jouer de leurs instruments, une harpe oblique égyptienne, une sorte de flûte avec deux tambourins de forme différente; ensuite, ils chantèrent en chœur. Puis vint la danse. Ces plaisirs alternés durèrent deux bonnes heures. C'était une heure de trop; car c'est une furieuse musique, que la musique arabe ou turque. Les danseuses, plutôt gracieuses que jolies, s'évertuaient aussi de leur mieux ; mais la monotonie de leur danse trop prolongée finit par lui ôter tout son charme. Chéikir-Bey, voyant notre fatigue, qui venait de bien des motifs, car, pendant cet interminable divertissement, on n'avait, sur sa provocation, cessé de boire, renvoya tous ses artistes, et nous pûmes nous lever, ayant grand besoin de nous dégourdir les jambes, après quatre heures passées ainsi accroupis ou couchés à l'orientale, il est vrai, ce que j'ai oublié de dire, sur de fort beaux tapis et appuyés sur de riches coussins, deux choses qui sont le grand luxe de l'Orient et un luxe vraiment exceptionnel. La journée se termina par une visite de l'intérieur de la mosquée, dont le porche d'entrée nous avait servi de salle à manger, ce qui, nous dit-on, est loin d'être une profanation, mais à condition peut-être que les prescriptions du Koran sur le vin y soient observées. Cette mosquée du saint Joseph musulman n'offre absolument rien de curieux.

A six heures, nous rentrions en ville, et le lendemain matin nous quittions Saïda, après avoir pris congé de

toutes les personnes qui nous avaient fait une réception
dont, pour ma part (tout en en rapportant l'honneur à M. de
Fonclayer et à M. Lycklama), j'ai conservé un de ces souvenirs qu'on n'oublie pas.

E. MASSENOT.

ANTIBES. — IMPRIMERIE DE J. MARCHAND.